『그리는 수학』은 연필을 올바르게 잡는 것부터 시작합니다.

연필을 엄지손가락과 집게손가락 사이에 끼우고 가운뎃손가락으로 연필을 받칩니다. 연필을 바르게 잡으면 손가락의 움직임으로만 연필을 사용할 수 있고 손날 부분이 종이에 닿아 손 전체를 지지해 줍니다.

연필을 바르게 잡는 방법

오른손으로 연필 잡기　　　　　　　　　　　　왼손으로 연필 잡기

❶ 엄지손가락과 집게손가락을 둥글게 하여 연필을 잡습니다.
❷ 가운뎃손가락으로 연필을 받칩니다.

선을 긋거나 글씨를 쓰는 속도와 가독성, 지속성을 향상시키려면 처음부터 연필을 바르게 잡는 것이 매우 중요합니다. 유아는 소근육의 발달 미흡, 경험 부족, 교정 부족 등 다양한 이유로 연필을 잘못 잡기도 합니다. 만 4세부터 만 6세 사이에 연필을 잘못 잡는 습관을 들이면 이후에 고치기가 어려우므로 연필 잡는 방법을 가능한 빨리 수정하는 노력이 필요합니다.

연필을 잘못 잡으면 손, 손목, 팔 근육이 피로할 뿐만 아니라 글을 쓰는 동안 시야가 가려져 학습 장애로 이어질 수 있습니다. 따라서 손 근육이 적절하게 발달된 유아는 처음부터 연필을 바르게 잡는 습관을 가져야 합니다.

연필을 처음 사용하는 유아는 펜슬 그립(Pencil Grip)을 사용하는 것이 도움이 되기도 합니다. 펜슬 그립을 사용하면 선을 긋는 미세한 조작과 제어 능력을 향상시키는 데 유용할 수 있습니다.

추천사

아이들에게 사고력과 창의력은 매우 중요합니다. 사고력과 창의력은 다양한 방법을 고민하고 새로운 아이디어를 떠올려 자신만의 문제 해결 방법을 찾는 일에 꼭 필요합니다. 이처럼 중요한 사고력과 창의력을 키우기 위해서는 수학을 배우는 것이 제일 좋은 방법입니다.

아이들은 수학을 왜 배워야 하는지 잘 모릅니다. 수학은 일상생활에서 매우 중요한 역할을 하고 있습니다. 마트에서 물건을 살 때나, 여러 명이 음식을 함께 먹을 때 분수로 나누어야 하거나, 보드게임에서 전략을 세울 때도 수학은 필요합니다. 이 밖에도 수학은 음악, 미술, 요리, 건축, 스포츠, 금융, 통계 등 다양한 분야에서 사용됩니다. 이렇게 중요한 수학을 아이들이 배우려면 유아 때부터 자연스럽게 수학의 재미를 느끼게 해 주는 게 제일 좋은 방법입니다.

『그리는 수학』은 최신 개정된 수학 교과과정을 제대로 분석해서 도형, 수, 규칙과 공간, 연산 등 수학의 기초 부분을 체계적 커리큘럼으로 구성한 교재입니다. 재미있게 문제를 풀 수 있는 형식이어서 아이들이 문제를 풀며 자연스럽게 수학에 재미를 느끼게 될 것입니다. 이 교재를 통해 아이들이 수학에 대한 자신감을 키울 수 있으면 좋겠습니다.

이영화 (서광초등학교 교사, 두 아이 아빠)

베타 테스트

수학을 어릴 때부터 하는 게 좋다고 해서 만 3세부터 아이와 유아 수학 교재를 함께 풀었는데 생각보다 어려웠습니다. 이해하기 어려운 규칙을 설명하고, 무작정 연산을 해야 하니 아이가 지루해하고 어려워하곤 했습니다. 그러던 중『그리는 수학』을 알게 되었습니다. 이 교재는 꽉 찬 수학 커리큘럼으로 아이들이 교재를 완북 할 수 있도록 쉽고 재밌다고 해서 베타 테스트를 신청했습니다.

교재가 도착해서 아이와 함께 풀어 보니 아이가 재미있다면서 계속 풀고 싶다고 했습니다. 지금까지 풀었던 교재는 재미가 없었는데, 수학도 재미있게 가르쳐 줄 수 있다는 것을『그리는 수학』을 통해 알게 되었습니다.

얼마 안 있으면 아이가 초등학교 입학을 하는데, 그 전까지『그리는 수학』으로 수학 문제를 풀면서 아이에게 수학의 재미와 자신감을 심어주려고 합니다!

진송희 (만 5세 자녀를 둔 부모)

유아 수학에서 '수학적 그리기'는 중요한 활동이자 문제를 해결하는 과정입니다.

유아 수학은 자연스러운 체험과 능동적인 경험을 통해 수학적 원리와 개념을 하나씩 하나씩 정립하는 것이 중요합니다.

처음 수학을 시작하는 유아들에게 수학적 그리기를 효과적으로 활용하면 자연스럽게 모양과 공간을 추론하고, 수(數)와 양(量)을 정확하게 표현하며, 규칙을 찾고 문제를 해결하는 데 도움이 됩니다. 나아가 질문의 이해도를 높이며 문제 해결을 위한 다양한 전략을 활용하는 능력을 향상시킵니다.

『그리는 수학』에서는 수학적 그리기를 체계적으로 활용하여

1) 도형의 개념을 자연스럽게 이해하고
2) 수(數)와 양(量)의 개념을 정확하게 그림으로 표현하고
3) 다양한 규칙을 찾고 응용하며
4) 문제 해결 방향에 알맞게 과정을 잘 그리는 것까지 효과적으로 학습합니다.

수학적 그리기 효과!

| 모양과 공간 추론하기 | 수(數), 양(量) 표현하기 | 규칙 찾기, 문제 해결 | 질문 이해, 전략 활용 |

스스로 몸으로 익히고 배우는 유아 수학 책『그리는 수학』

초등 수학과 유아 수학의 학습 방법은 달라야 합니다.

일반적으로 초등 수학은 수학적 개념을 배우고 개념과 관련된 기초 문제를 풀고 응용 문제를 해결하는 순서로 학습합니다. 하지만 수학을 처음 시작하는 유아에게는 개념을 배우는 과정에 앞서 자연스러운 관찰과 반복되는 활동을 통해 개념을 인지하는 기초 과정이 필요합니다.

자전거를 타는 방법을 배웠다고 해서 실제로도 잘 탄다고 할 수는 없습니다. 직접 자전거를 타는 경험을 통해 몸으로 그 감각을 익히듯이 『그리는 수학』은 유아 스스로 관찰하고 선을 긋고 색을 칠하고 문제를 해결하는 경험을 통해 개념과 원리를 자연스럽게 익히고 배우게 하는 체계적이고 과학적인 유아 수학 책입니다.

유아 수학은 학습 방법이 다르다!

정확한 개념과 원리, 꽉 찬 커리큘럼의 제대로 된 유아 수학 책『그리는 수학』

수학을 처음 시작하는 유아에게 가장 중요한 것은 정확한 수학 개념을 바르게 알려 주는 것입니다.

유아에게 수학에 대한 즐거운 경험과 재미를 주는 것은 중요합니다. 하지만 그보다 더욱 중요한 것은 정확한 개념을 바르게 학습할 수 있도록 안내해 주는 것입니다.『그리는 수학』은 최신 개정된 수학 교과과정을 치밀하게 분석하고 정확하게 해석하여 재미있는 경험은 물론 정확한 개념과 원리를 학습할 수 있도록 개발되었습니다.

대부분의 유아 수학은 '수와 연산' 영역으로 편중되어 있는 것이 현실입니다. 한 영역으로 편중된 학습은 무의미한 반복을 만들기도 하고, 수학 내 타 영역과의 학습 격차를 형성하기도 합니다.『그리는 수학』에서는 1) 도형으로 시작하여 2) 수를 배우고 3) 규칙과 공간으로 추론 능력을 기르고 4) 연산을 통해 수의 활용을 배웁니다. 부족함 없이 꽉 찬 체계적인 커리큘럼이 수학을 시작하는 유아의 커다란 자양분이 될 것입니다.

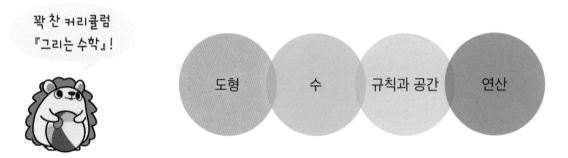

꽉 찬 커리큘럼
『그리는 수학』!

도형　　수　　규칙과 공간　　연산

연필 잡는 훈련부터 '완북' 할 수 있는 유아 수학 책『그리는 수학』

연필을 바르게 잡고 선을 그어 보는 활동으로 시작해서 '완북'으로 마무리합니다.

어려운 수학 문제를 풀기보다는 스스로 관찰하고 직접 그려 보고 색을 칠하는 활동을 통해 정확한 개념을 인지하는 것에 중점을 두었습니다.

유아 수학은 유아에게 수학에 대한 좋은 기억을 심어 주고 스스로 문제를 해결하는 과정에서 성취감과 자신감을 갖게 해 주어야 합니다.

『그리는 수학』은 한 문제 한 문제, 한 권 한 권을 끝냈을 때 쌓이는 성취감이 수학에 대한 자신감으로 이어질 수 있도록 개발되었습니다.

연필을 바르게 잡고,
완북으로 마무리!

그리는 수학과 선 긋기

삐뚤빼뚤 선을 그어도 괜찮습니다. 점선을 따라 정확하게 긋지 않아도 괜찮습니다. 경험과 연습이 쌓이면 자연스럽게 미세 근육이 발달하고 도형을 그리거나 숫자를 쓰는 정확성이 향상됩니다.

곧은 선, 굽은 선 긋기부터 시작하여 기본 도형 그리기, 숫자 쓰기로 이어지기까지 모양과 숫자를 인지하는 가장 좋은 방법은 관찰하고 직접 그려 보는 것입니다. 유아 수학에서는 점선을 따라 그리기에서 관찰하여 똑같이 그리기, 인지하고 있는 모양을 기억하여 그리기 등 다양한 그리기 활동을 합니다.

『그리는 수학』의 전체 구성과 단계 선택 도움말

	도형	수	규칙과 공간	연산
A단계 (만 3~4세)	기본 모양 알기	5까지의 수	모양, 색깔, 크기	여러 가지 세기
B단계 (만 4~5세)	전체와 부분	9까지의 수	규칙과 방향	9까지의 덧셈과 뺄셈
C단계 (만 5~6세)	모양의 특징	20까지의 수	시계와 규칙	10이 넘는 덧셈과 뺄셈

단계 선택 도움말

- 추천 연령보다 한 단계 아래에서 시작하여 현재 단계를 넘어서는 것을 목표로 합니다.
- '도형 - 수 - 규칙과 공간 - 연산' 순서대로 차근차근 학습합니다.
- 아이가 권장 학습량을 잘 따라와 준다면 다음 단계로 넘어가도 좋습니다.
- 커리큘럼이 갖춰진 수학 학습을 처음 시작하는 아이라면 'A단계 도형'부터 시작합니다.

『그리는 수학』 C단계 구성

도형

수

규칙과 공간

연산

1단원: 평면 모양

2단원: 입체 모양

3단원: 모양 자르기

1단원: 20까지의 수

2단원: 묶어 세기

3단원: 순서수

1단원: 시계 보기

2단원: 여러 가지 규칙

3단원: 왼쪽, 오른쪽

1단원: 10이 넘는 덧셈

2단원: 10이 넘는 뺄셈

3단원: 10이 되는 덧셈

『그리는 수학』C단계 규칙과 공간

구성과 차례

『그리는 수학』은 3개의 단원으로 구성되어 있고 단원별로 4개의 STEP이 있습니다.
STEP 1부터 STEP 4까지 각 단원에서 배우는 개념과 내용을 다양한 방법을 활용하여 그리고 색칠하면서
학습하고 배운 내용을 확인합니다.

세 단원을 잘 마무리하면 다양한 그림을 그리면서
아이의 상상력과 집중력, 창의력을 길러 주는
DRAW MATH를 만나게 됩니다.

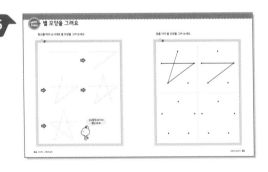

『그리는 수학』이렇게 학습하세요. **효과 200% UP**

○ 단원의 학습 목표와 배울 내용을 안내합니다.
아이에게 정확한 개념과 원리를 안내해 줄 수 있도록
선생님이나 부모님께서 차근차근 읽어 주세요.

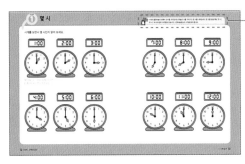

○ 한 STEP의 학습 내용과 방법을 안내하고,
주의할 점을 확인합니다.

『그리는 수학』의 1일 학습 권장량은 4쪽, 즉 하나의 STEP입니다.

일주일에 2번, 2개의 STEP을 학습하여 2주 동안 한 단원을 학습하는 것을 목표로 해 주세요.

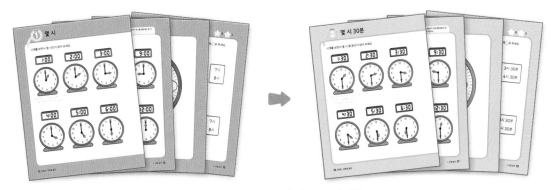

일주일 학습량: 2개의 STEP (8쪽)

한 권은 6주, 한 단계(4권)는 6개월 동안 학습할 수 있습니다.

아이가 잘 따라와 준다면 다음 단계로 넘어가도 좋습니다.

1 시계 보기

시계에는 1부터 12까지의 수가 써 있고, 긴바늘과 짧은바늘이 있습니다.

짧은바늘이 1, 긴바늘이 12를
가리키면 1시이고,
한 시라고 읽습니다.

짧은바늘이 1과 2 사이,
긴바늘이 6을
가리키면 1시 30분이고,
한 시 삼십 분이라고 읽습니다.

시계는 두 가지 눈금을 읽어야 하는 동시에 시곗바늘이 원을 그리며 움직이므로 유아에게는 읽기 쉽지 않은 도구입니다. 이 단원에서는 간단한 '몇 시'와 '몇 시 30분'을 가리키는 시계를 보고 시각을 읽으면서 시계에 친숙해져 봅니다.

시계의 긴바늘이 12에서 한 바퀴 도는 동안 짧은바늘은 숫자 한 칸을 갑니다. 가정에서 실제 시곗바늘을 움직여 보면서 긴바늘이 움직임에 따라 짧은바늘이 어떻게 움직이는지 관찰해 봅니다.

시계를 보면서 몇 시인지 읽어 보세요.

짧은바늘이 1, 긴바늘이 12를 가리키면
1시를 나타내고, '한 시'라고 읽습니다.

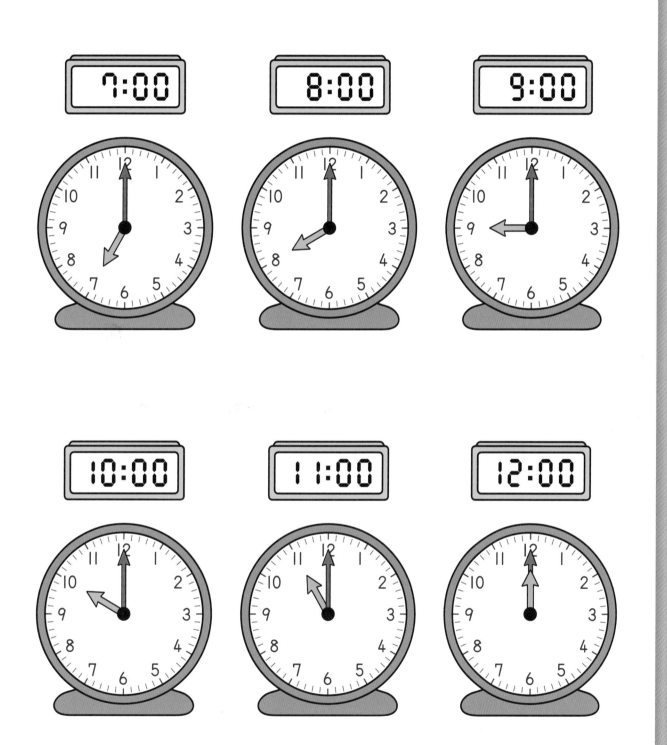

시계에 빠진 숫자를 써넣고, 몇 시인지 써 보세요.

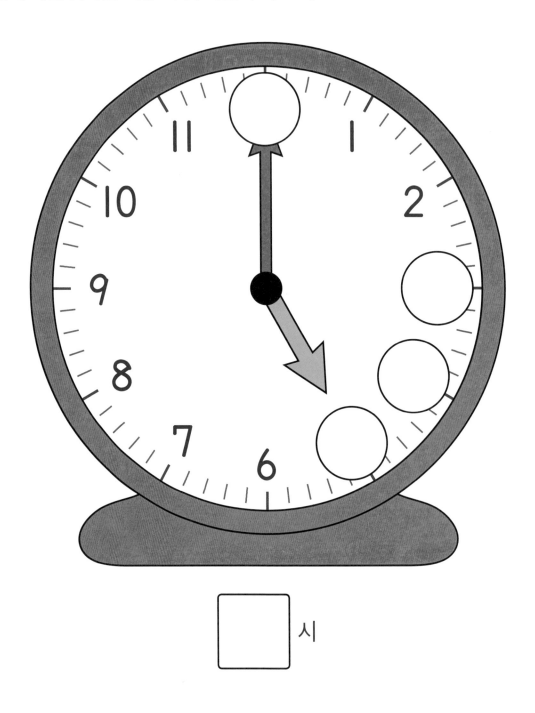

◻ 시

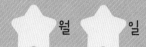

두 그림에서 다른 곳을 찾아 각각 ○표 하고, 알맞은 시각에 ○표 하세요.

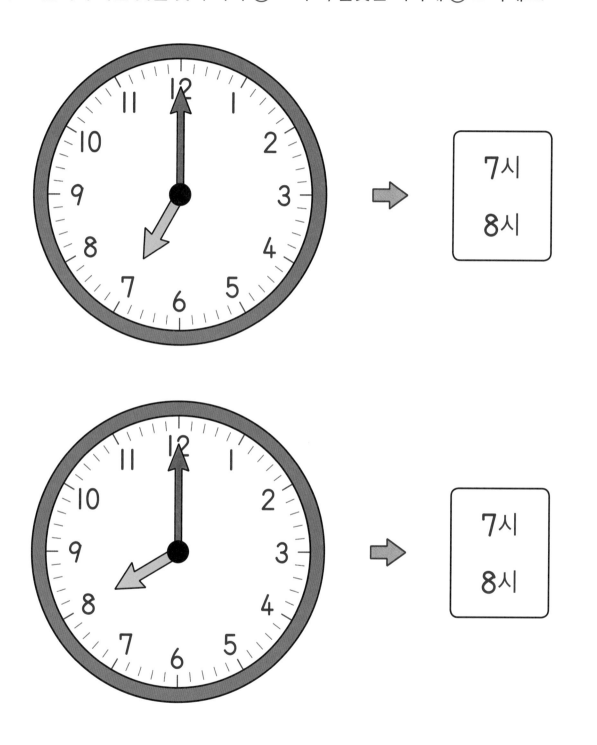

7시

8시

7시

8시

몇 시 30분

시계를 보면서 몇 시 몇 분인지 읽어 보세요.

짧은바늘이 1과 2 사이, 긴바늘이 6을
가리키면 1시 30분을 나타내고,
'한 시 삼십 분'이라고 읽습니다.

시계에 빠진 숫자를 써넣고, 몇 시 몇 분인지 써 보세요.

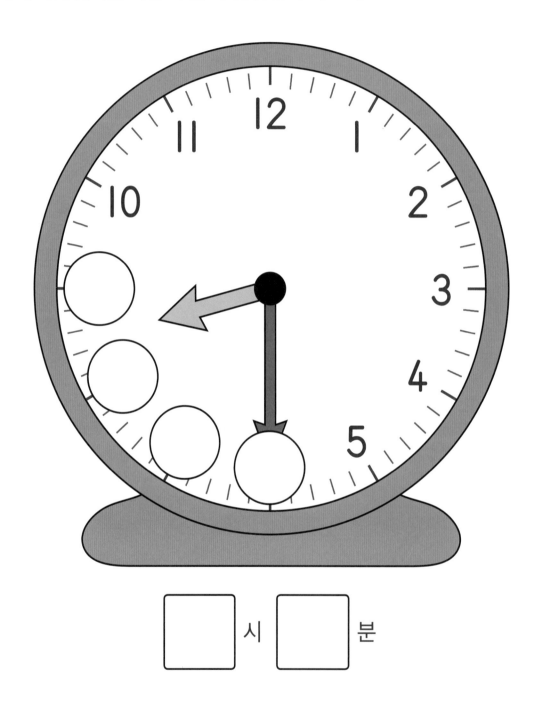

☐ 시 ☐ 분

두 그림에서 다른 곳을 찾아 각각 ○표 하고, 알맞은 시각에 ○표 하세요.

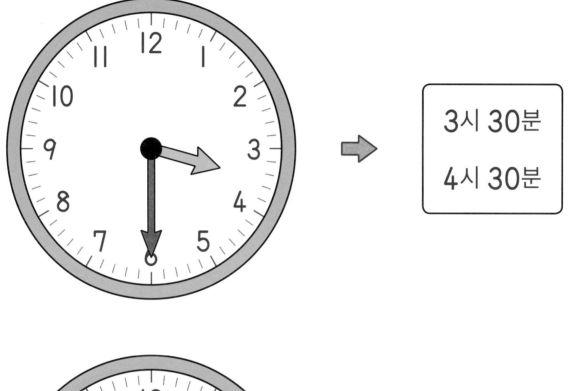

3시 30분

4시 30분

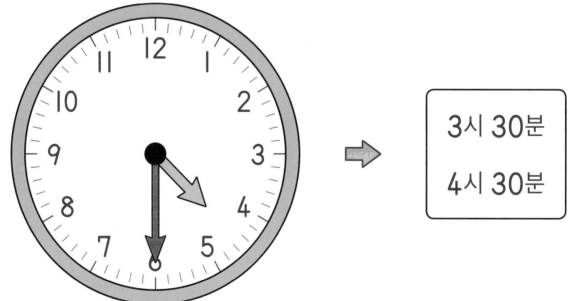

3시 30분

4시 30분

시계를 보고 시각을 써 보세요.

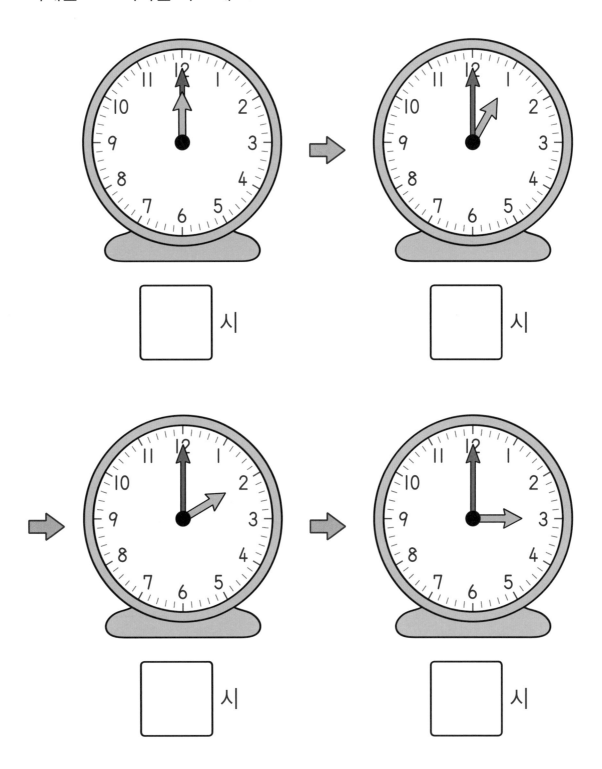

시

시

시

시

시계를 보고 시각을 써 보세요.

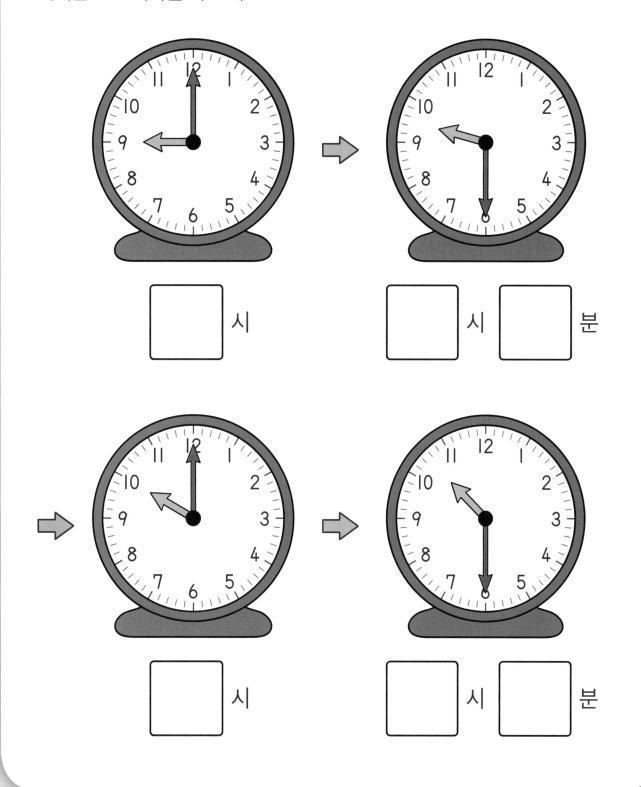

알맞게 이어 보세요.

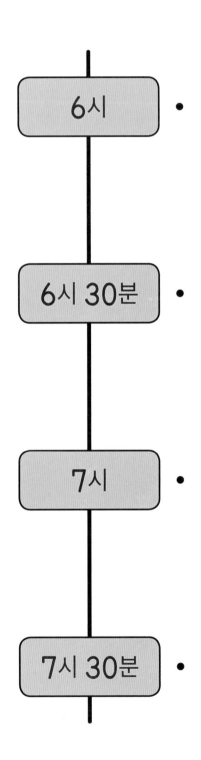

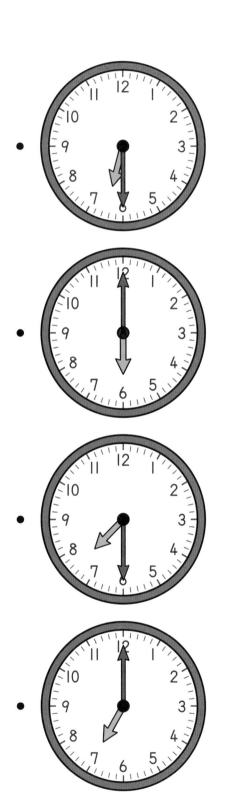

2시 30분을 나타내는 시계를 찾아 색칠해 보세요.

2시 30분

시곗바늘 그리기

짧은바늘을 그리고, 몇 시인지 써 보세요.

짧은바늘: 1

☐ 시

짧은바늘: 4

☐ 시

짧은바늘: 7

☐ 시

짧은바늘: 10

☐ 시

긴바늘을 그리고, 몇 시 몇 분인지 써 보세요.

긴바늘: 12

☐ 시

긴바늘: 12

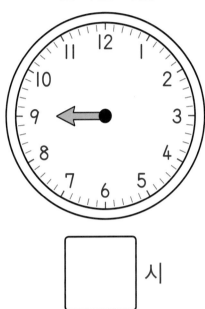

☐ 시

긴바늘: 6

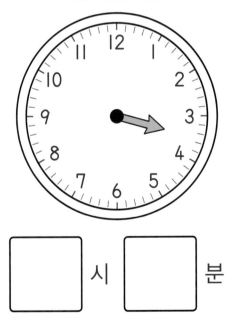

☐ 시 ☐ 분

긴바늘: 6

☐ 시 ☐ 분

시각에 알맞게 짧은바늘과 긴바늘을 그려 보세요.

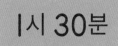

2 여러 가지 규칙

규칙을 찾아 여러 가지 방법으로 나타낼 수 있습니다.

숟가락, 포크, 포크가 반복되는 규칙을 ○, △, △가 반복되도록 나타낼 수 있습니다.

반복되는 부분을 찾아서 다음 모양을 예측해 보고, 규칙에 따라 배열된 그림을 수 또는 모양으로 재구성해 봅니다. 특히 그림의 배열에서 규칙을 찾아 수 또는 모양으로 표현하는 과정을 통해 문제 해결 능력과 추론 능력을 기를 수 있습니다.

여러 가지 소재를 이용하여 규칙을 찾고 만드는 것은 규칙성과 관련지어 수, 도형, 측정 등 수학의 다른 영역을 함께 학습하게 되므로 수학을 통합적으로 이해하는 데 도움이 됩니다.

규칙 찾기

반복되는 부분을 찾아 ⬭ 로 묶어 보세요.

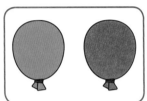 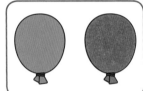 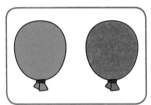 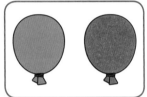

파란색, 빨간색이 반복됩니다.

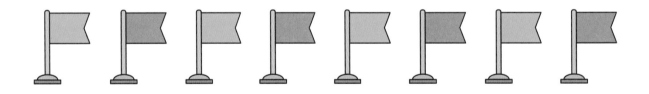

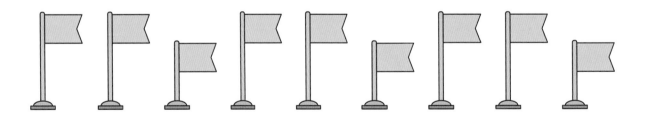

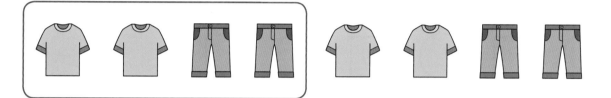

규칙에 따라 빈칸에 알맞은 모양을 그려 보세요.

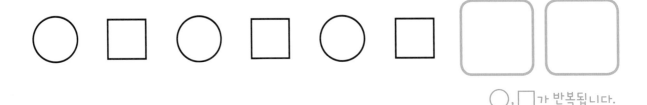

◯, ▢가 반복됩니다.

규칙에 따라 빈칸에 알맞은 수를 써넣으세요.

I 2 2 I 2 2 ☐ ☐

I, 2, 2가 반복됩니다.

3 2 I 3 2 I ☐ ☐

I I 2 2 I I ☐ ☐

2 2 3 2 2 3 ☐ ☐

규칙에 따라 모양으로 나타내 보세요.

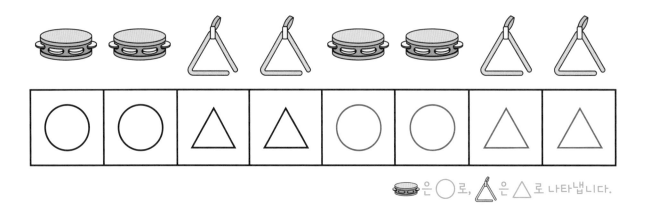

은 ◯로, △은 △로 나타냅니다.

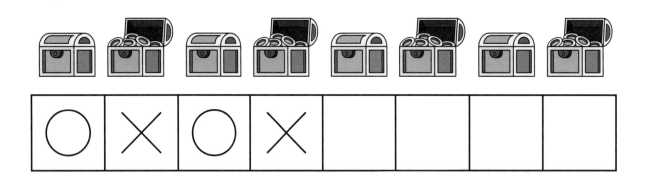

규칙에 따라 수로 나타내 보세요.

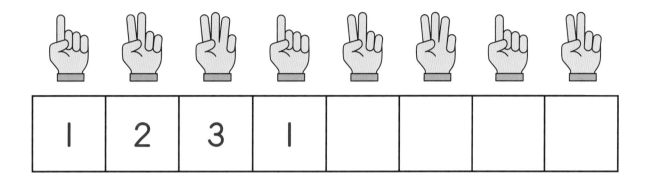

1	2	3	1				

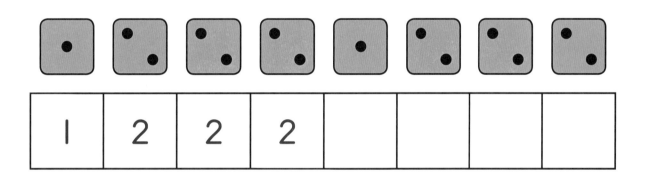

1	2	2	2				

2	4	2	4				

규칙에 따라 빈칸에 알맞은 모양을 그리고 수를 써 보세요.

△	□	△	□	△	□		
3	4	3	4	3	4		

○	●	●	○	●	●		
l	2	2	l	2	2		

▭	▭	目	▭	▭	目		
l	l	2	l	l	2		

3	2	1	3	2	1		

4	5	4	5	4	5		

ㄱ	ㄴ	ㄷ	ㄱ	ㄴ	ㄷ		
1	2	3	1	2	3		

규칙에 따라 색칠하기

규칙에 따라 알맞게 색칠해 보세요.

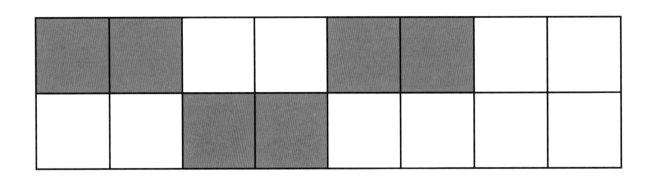

규칙에 따라 알맞게 색칠해 보세요.

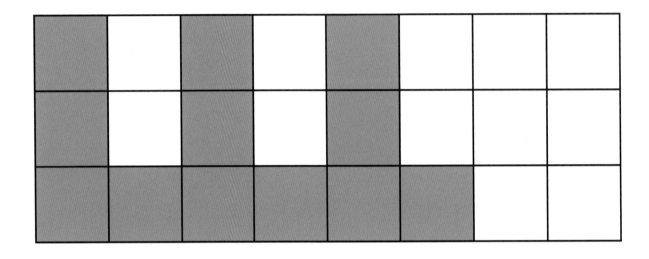

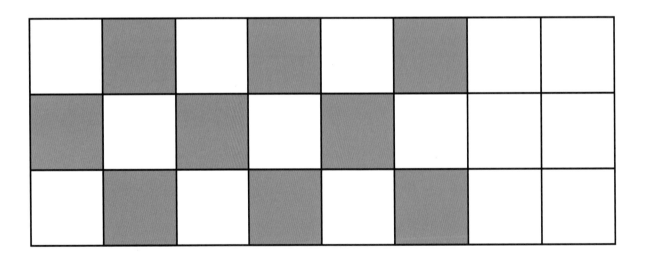

규칙에 따라 알맞게 선을 그어 보세요.

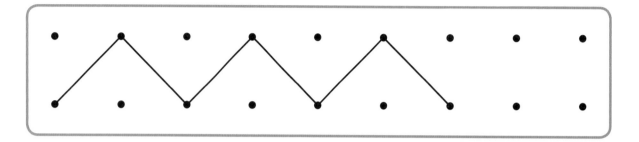

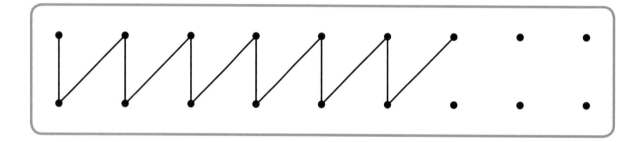

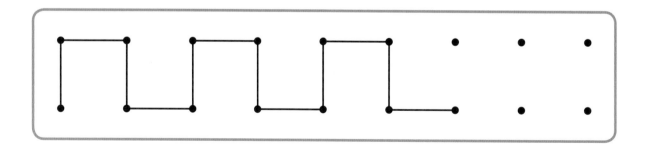

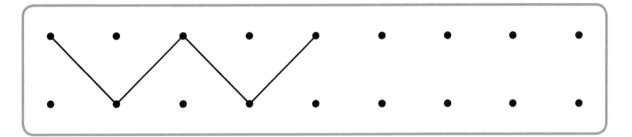

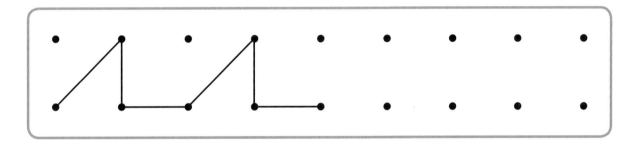

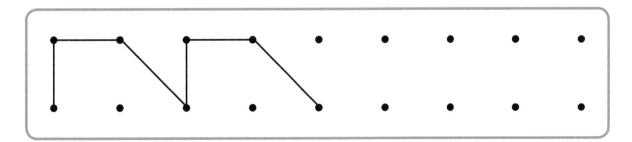

규칙에 따라 알맞게 선을 그어 보세요.

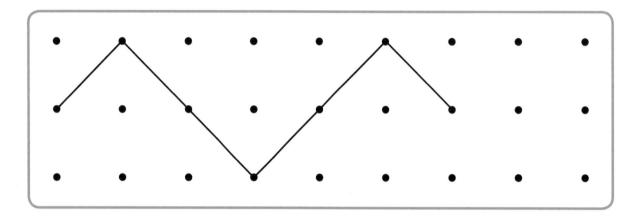

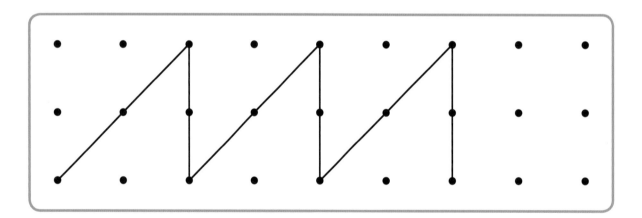

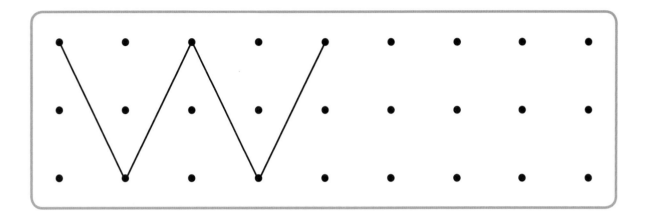

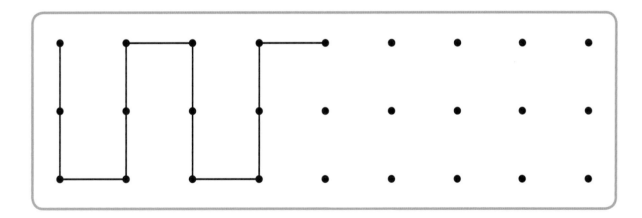

3 왼쪽, 오른쪽

화살표에서 ←는 왼쪽, →는 오른쪽을 나타냅니다.

서 있는 방향이 달라지면 나를 중심으로 하는 왼쪽과 오른쪽이 달라집니다.

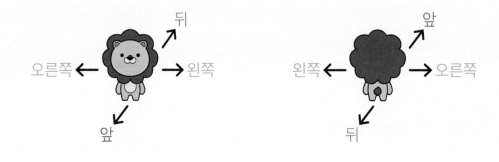

왼쪽과 오른쪽은 유아들이 많이 혼동하지만 반드시 구분해야 할 방향입니다. 이 단원에서는 A단계에서 배운 화살표를 이용하여 B단계에서 배운 앞, 뒤, 옆 중에서 옆을 왼쪽과 오른쪽으로 구분하여 학습합니다.

유아의 기준으로 오른쪽과 왼쪽을 알려 줍니다. 오른손으로 글씨를 쓰는 유아라면 글씨 쓰는 손이 또는 밥 먹는 손이 오른손, 왼손으로 글씨를 쓰는 유아라면 글씨 쓰는 손이 왼손이라고 말해 줍니다. 또한 오른발과 왼발로 발 구름을 하는 등 신체를 이용하여 오른쪽과 왼쪽을 구분할 수 있습니다.

화살표와 방향 1

자동차가 움직이는 방향으로 점선을 따라 화살표를 그려 보세요.

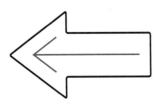  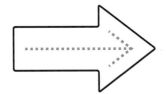

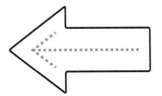  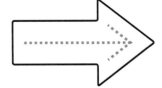

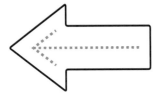  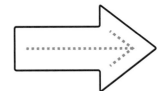

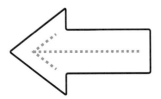  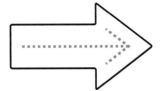

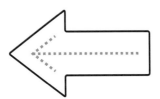  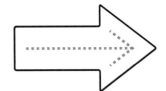

병아리가 닭을 따라가는 방향으로 화살표를 그려 보세요.

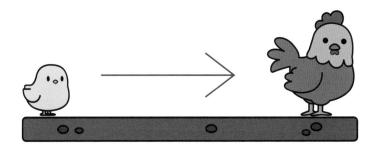

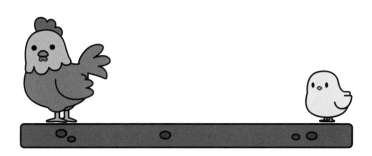

같은 방향을 향하는 화살표를 찾아 이어 보세요.

·

·

·

·

·

·

동물이 바라보는 방향과 같은 방향을 나타내는 화살표를 색칠해 보세요.

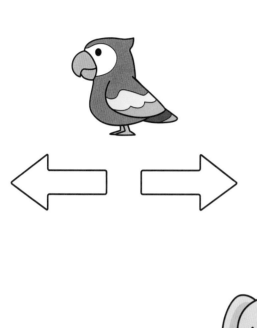

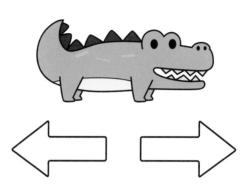

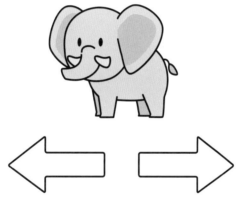

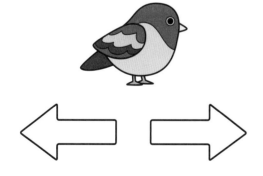

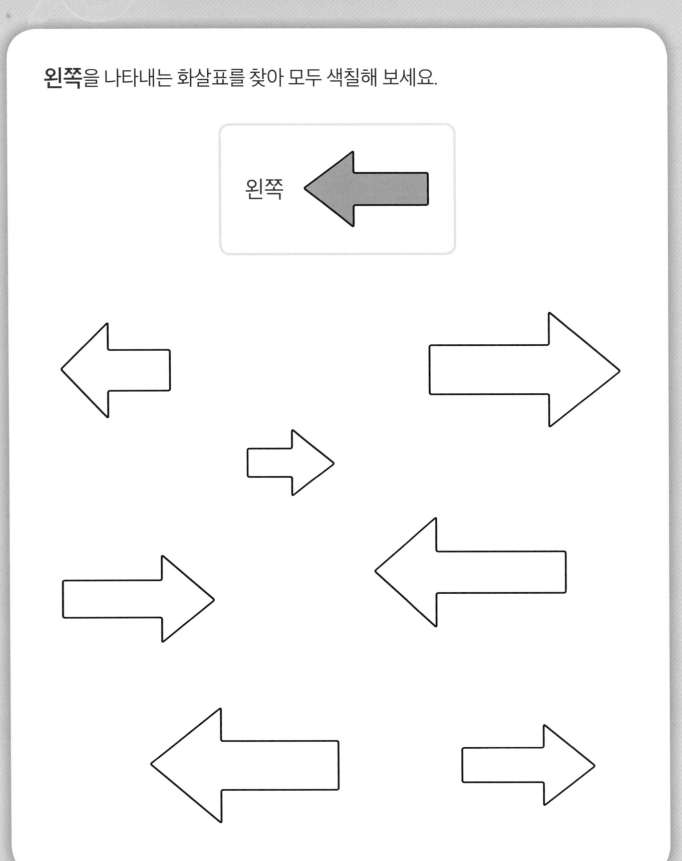

화살표와 방향 2

왼쪽을 나타내는 화살표를 찾아 모두 색칠해 보세요.

왼쪽

오른쪽을 나타내는 화살표를 찾아 모두 색칠해 보세요.

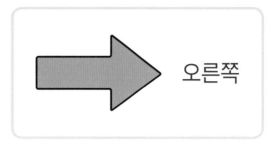

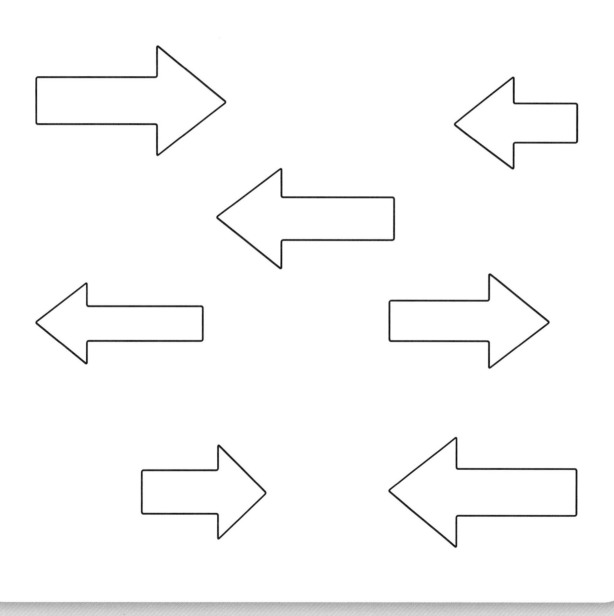

왼쪽을 보고 서 있는 동물을 찾아 모두 ◯표 하세요.

오른쪽으로 움직이는 탈것을 찾아 모두 ◯표 하세요.

왼쪽과 오른쪽

주어진 위치에 있는 것을 색칠해 보세요.

왼쪽	오른쪽

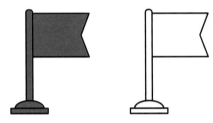

오른쪽	왼쪽

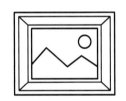
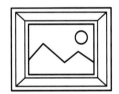

왼쪽	오른쪽

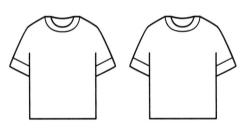

주어진 위치에 있는 것에 ◯표 하세요.

 의 오른쪽

 의 왼쪽

 의 오른쪽

 의 왼쪽

주어진 위치에 나무를 그려 보세요.

 의 오른쪽

 의 왼쪽

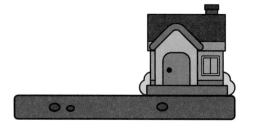

 의 오른쪽

 의 왼쪽

주어진 위치에 있는 칸을 색칠해 보세요.

 의 왼쪽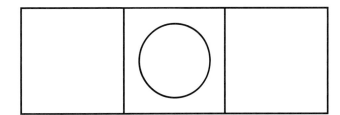

△ 의 오른쪽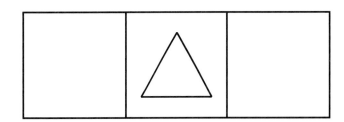

□ 의 왼쪽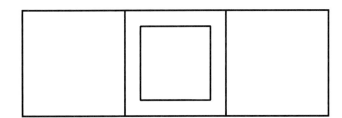

○ 의 오른쪽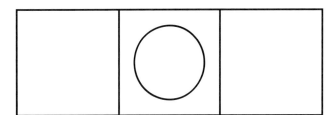

기준에 따른 방향

사자가 바라보는 방향을 중심으로 **왼쪽**을 색칠해 보세요.

사자가 바라보는 방향을 중심으로 **오른쪽**을 색칠해 보세요.

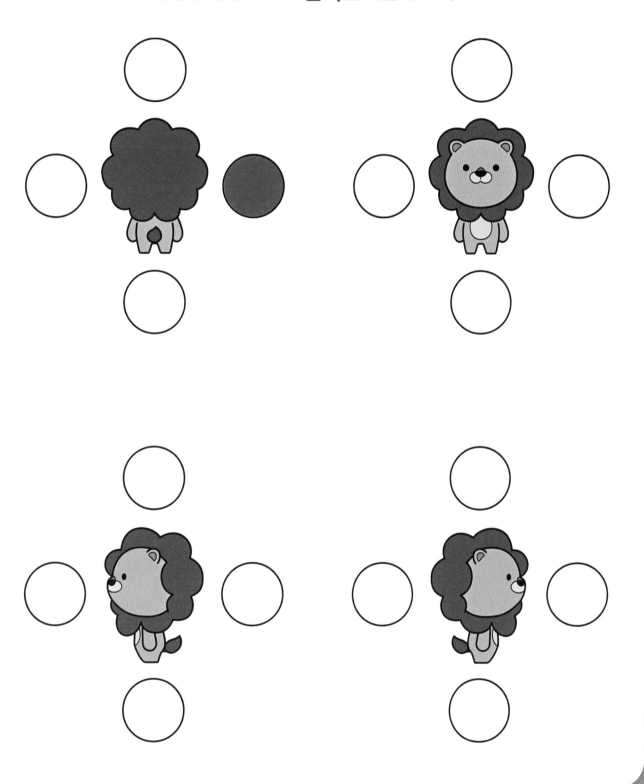

곰이 바라보는 방향을 중심으로 알맞게 선을 그어 보세요.

| 앞으로 갑니다. | 왼쪽으로 갑니다. |

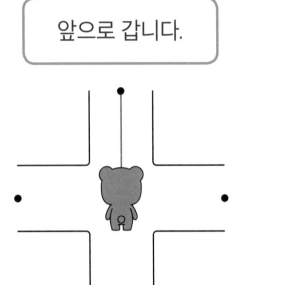
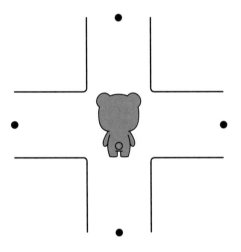

| 뒤로 갑니다. | 오른쪽으로 갑니다. |

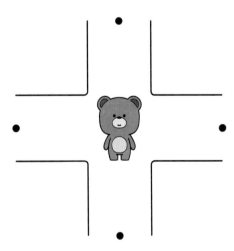
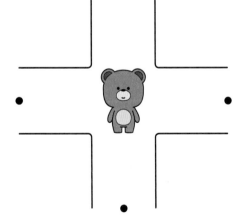

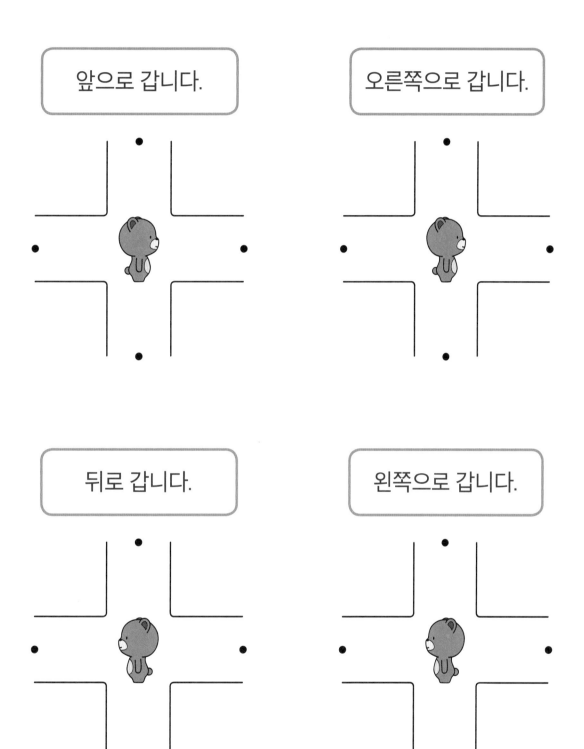

앞으로 갑니다.

오른쪽으로 갑니다.

뒤로 갑니다.

왼쪽으로 갑니다.

별 모양을 그려요

점선을 따라 순서대로 별 모양을 그려 보세요.

순서를 잘 따라가며 별을 그려 봐.

점을 이어 별 모양을 그려 보세요.

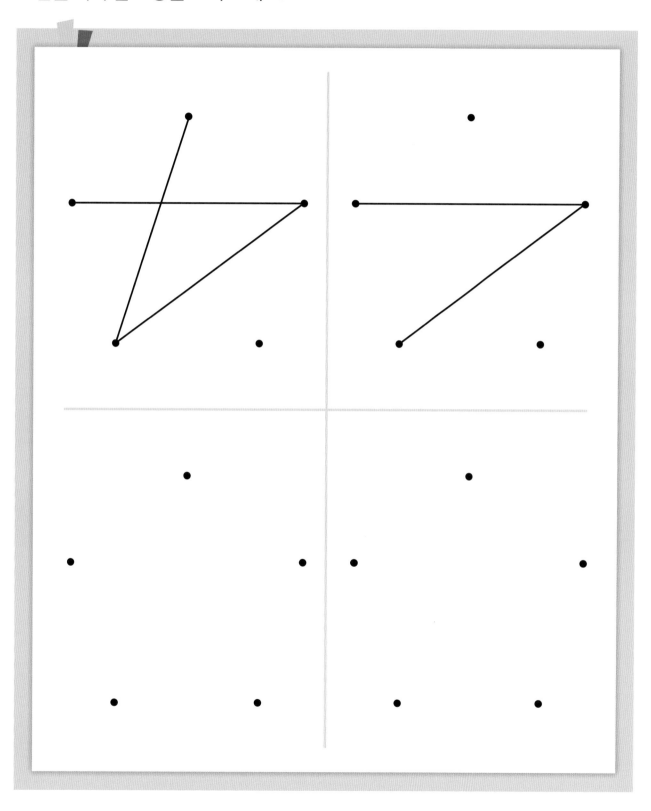

정답

1. 시계 보기

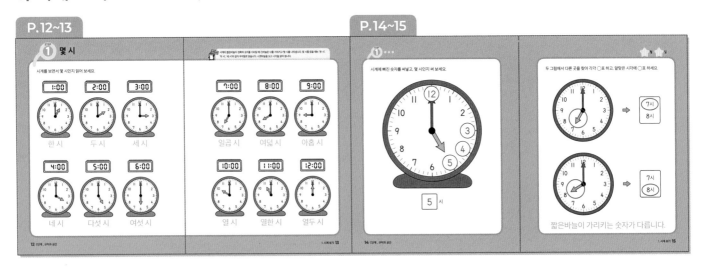

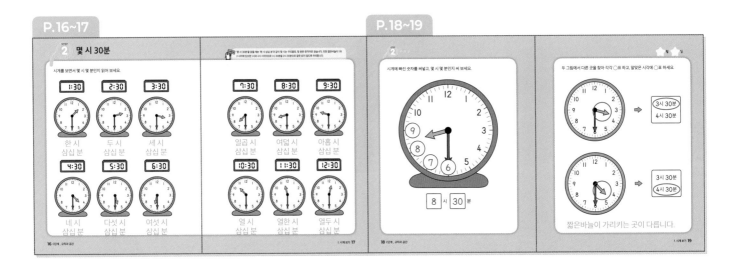

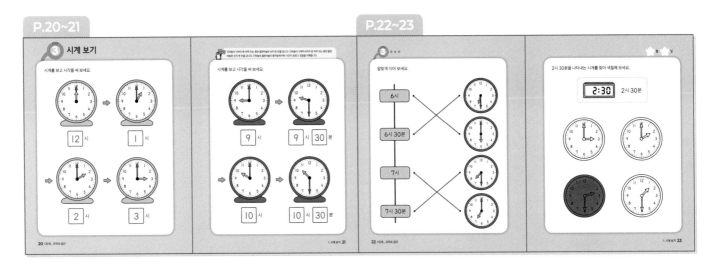

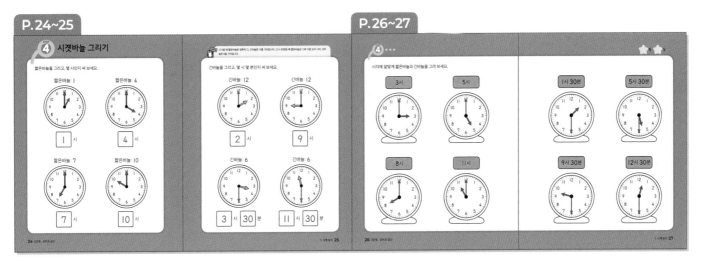

2. 여러 가지 규칙

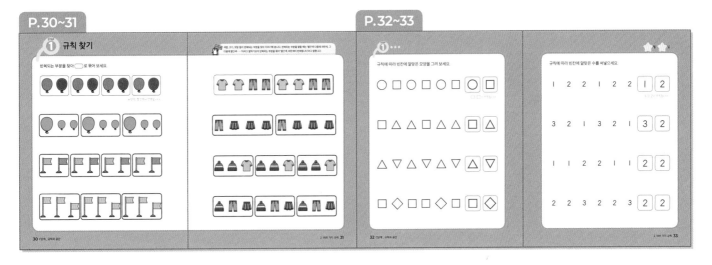

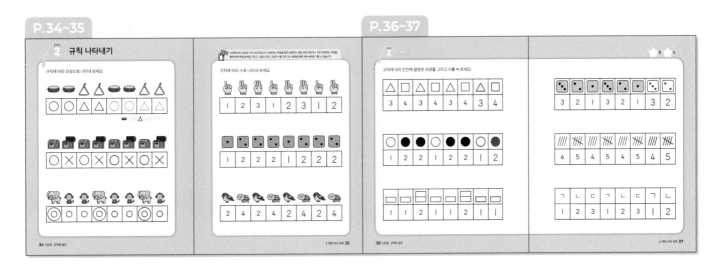

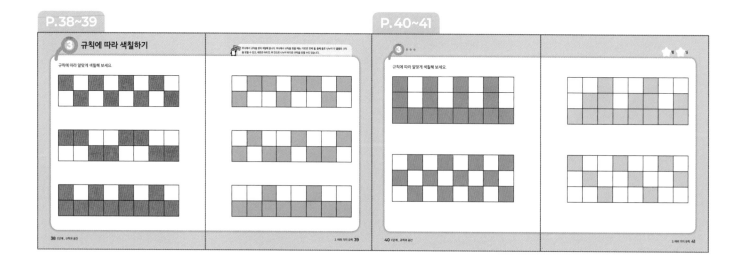

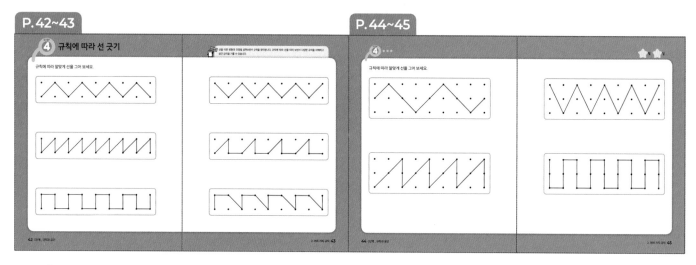

3. 왼쪽, 오른쪽

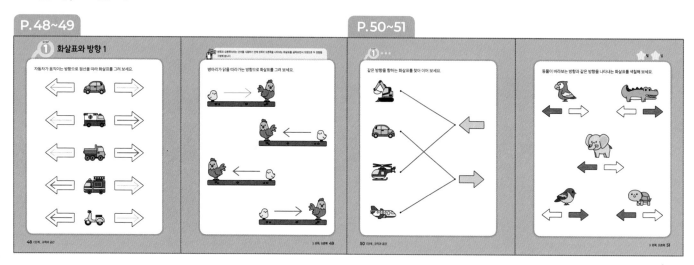

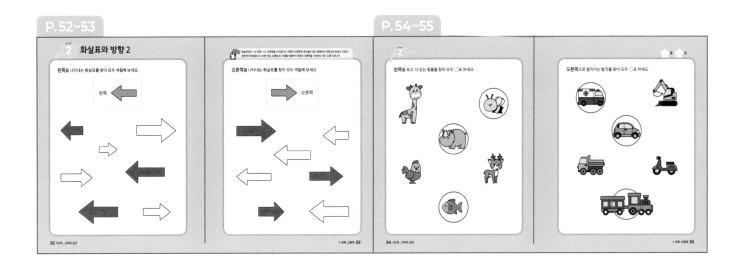

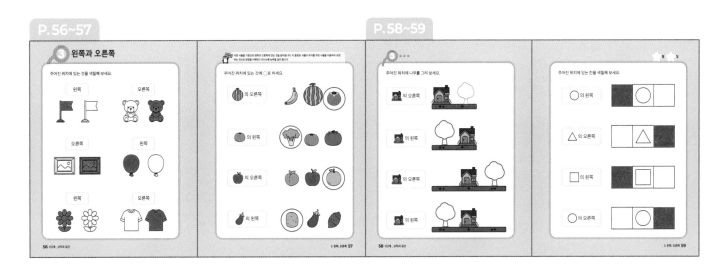

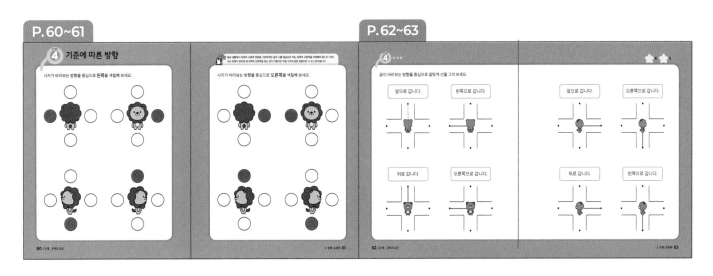